了不起的中国古代智造

张少华 编著

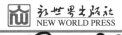

新世界出版社
NEW WORLD PRESS

图书在版编目（CIP）数据

了不起的中国古代智造 / 张少华编著. --北京：
新世界出版社，2023.12

ISBN 978-7-5104-7783-6

Ⅰ. ①了… Ⅱ. ①张… Ⅲ. ①科学技术—技术史—中
国—古代—青少年读物 Ⅳ. ①N092-49

中国国家版本馆CIP数据核字（2023）第232986号

了不起的中国古代智造

作　　者：张少华		策　　划：杨　娟	
责任编辑：王峻峰		漫画主笔：刘晓炜	
责任校对：宣　慧		封面设计：孙晓南	
责任印制：王宝根		排　　版：姿　兰	

出　　版：新世界出版社
网　　址：http://www.nwp.com.cn
社　　址：北京西城区百万庄大街24号（100037）
发 行 部：（010）6899 5968（电话）　　（010）6899 0635（电话）
总 编 室：（010）6899 5424（电话）　　（010）6832 6679（传真）
版 权 部：+8610 6899 6306（电话）　　nwpcd@sina.com（电邮）
印　　刷：小森印刷（北京）有限公司
经　　销：新华书店
开　　本：710mm×1000mm　1/16　尺寸：170mm×240mm
字　　数：66千字　　　　　　　印张：7.5
版　　次：2023年12月第1版　2023年12月第1次印刷
书　　号：ISBN 978-7-5104-7783-6
定　　价：32.00元

目 录

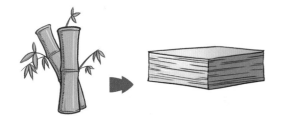
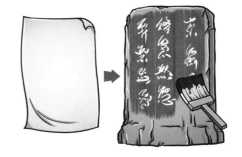

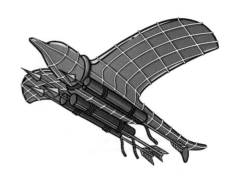

织出绚烂文化——古代纺织技术

纺织技术在中国有着非常悠久的历史，早在茹毛饮血的时代，古人为了御寒，就已知道捡起地上的羽毛，折断树林中的藤蔓，搓、编成简单的衣衫。

　　随着农业、工业、畜牧业的不断发展，古人逐渐学会了种植棉麻，养蚕取丝，养羊取毛，使用织布工具织物做衣服。

慢慢地，人们所使用的织布原料越来越丰富，织布技术越来越先进，古人的衣服上开始有了花纹，有了色彩，有了装饰……

可以说，人类的文明与纺织技术的发展有着千丝万缕的联系。

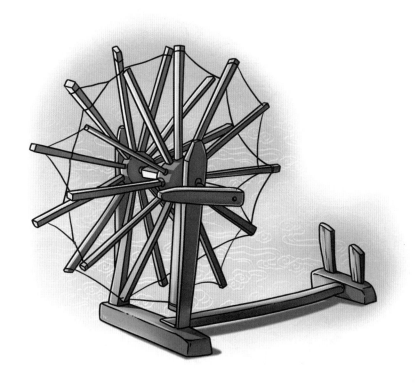

养蚕技术：小生物里的大天地

要想织成衣物，就必须有纺织原料，蚕丝就是我国古代主要的纺织原料之一。

蚕茧

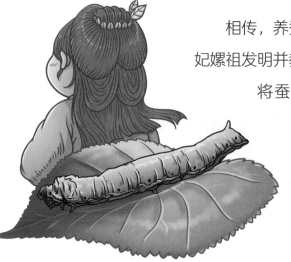

相传，养蚕缫丝的技术由黄帝的元妃嫘祖发明并教给人民。那时的妇女会将蚕养在家中，给蚕喂食桑叶，等待收集蚕茧，还会把蚕种保留起来以便繁殖下一代。

在养蚕的过程中，古人不断探索提高蚕丝产量的方法。

现在的蚕丝产量是一年比一年高，收入也就每年跟着增加啦！

到了周代，人们认识到了蚕的生长与温度有着一定的联系，于是建起了专用的养蚕室。到了现代，养蚕大棚就是简易的养蚕专用室。

养蚕专用室

由于蚕蛹羽化成蛾、破茧而出时，蚕丝的完整性会被破坏，魏晋南北朝时期，人们便开始用盐腌贮藏的方法来杀死蚕蛹，保证蚕丝的完整。

宋元时期，储茧的方法又增加了笼蒸。

由于古代人民不断地探索和改进养蚕方法，我国古代养蚕技术一直处于世界领先地位。

公元前 11 世纪，我国的养蚕技术传入朝鲜，随后传入日本，后来又沿着丝绸之路远播中亚、西亚和欧洲，我国也成为当之无愧的"丝国"。

织出绚烂文化——古代纺织技术

棉纺技术：黄道婆值得名留青史

汉唐时期，我国云南、广东、新疆等地已经广泛种植棉花。宋末元初，棉花种植技术传入内地，棉花也成为纺织的主要原料之一。

在当时，我国出现了一位著名的纺织能手——黄道婆。她从自己的家乡松江府来到海南岛，学会了当地人加工棉花的技术。

学会这技术多亏有黄道婆！

后来，黄道婆返回家乡，将自己学习的技术传授给家乡人民。同时创造出新式纺车——"三锭棉纺车"，让家乡人民告别了古老的手摇纺车。

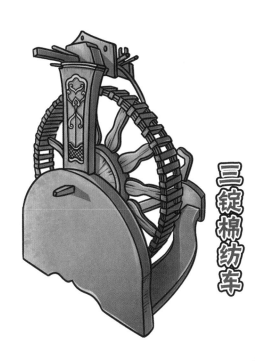

三锭棉纺车

除了改造工具，黄道婆还改良了错纱、配色、综线、挈花等棉纺织工序，创造出"揪、弹、纺、织"的织造工艺，由她研制的"乌泥泾被"驰名全国。

随着棉纺织技术的改良，棉花的种植和生产受到更大的重视，到了元朝中后期，举国上下都开始种植棉花，棉纺织业成为重要的经济组成部分。

举国上下种棉花，盛况空前哪！

纺织工具：纺织技术的得力助手

织布离不开纺织工具的帮助。从河姆渡遗址出土的文物可以看出，距今 7000 至 5000 年前，就已经出现了骨针、骨刀等简单的缝纫、纺织工具，当时人们用它们来织造衣物。

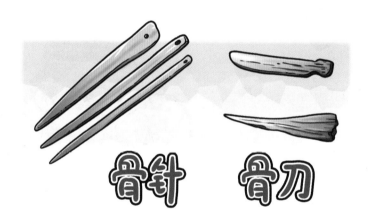

骨针　　骨刀

青铜器上的踞织机纺织场面

先秦时期，踞织机被发明出来。这种机器没有机架，使用时需要将卷布轴的一端系在腰上，因此也叫作腰机。

春秋战国时期，斜织机出现了。这种织机有了机架，织布时，织妇手脚并用，前俯后仰，以此来完成线绳的上下交替。斜织机的发明让织妇由原来的席地而坐变为坐在机子上工作，这样就可以轻松地看到织出来的布匹是不是平整、纺线有没有断头，织布效率因此大大提升。

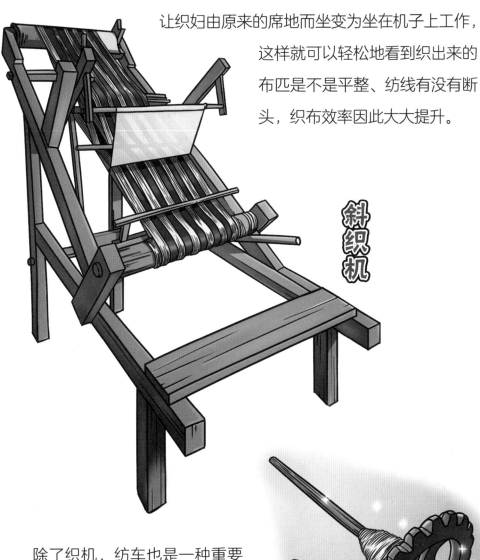

斜织机

除了织机，纺车也是一种重要的纺织工具。最早的纺车叫作纺坠，纺坠的工作原理比较简单，只需要一只手转动拈杆，另一只手牵扯纤维续接就可以。

纺坠

在使用纺坠的过程中，人们觉得这种工具效率比较低，纺出来的纱线捻度不够均匀，于是又仿照其工作原理发明了更先进的手摇式纺车。手摇式纺车不仅提高了纺纱的效率，还能纺出不同粗细的线。

后来，人们又将手摇式纺车改进为脚踏式纺车。这样一来，手脚都能参与到纺织工作中，纺织效率得到了进一步提升。

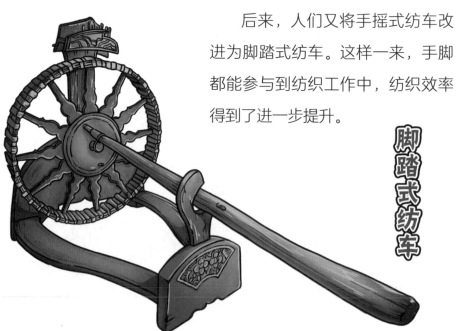

脚踏式纺车

手摇式和脚踏式纺车的锭子（纺纱机上两头尖中间粗的圆杆，用来绕纱）数都是2到3个。到了宋元时期，为了加速生产，人们发明出了有32个锭子的水力大型纺车，这种纺车一昼夜可以纺织100余斤纱，是当时当之无愧的纺纱神器。

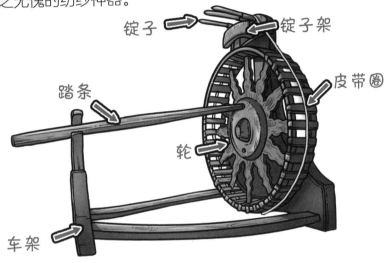

锭子　　锭子架　　皮带圈　　踏条　　轮　　车架

水力大型纺车做到了把自然的力量应用到纺纱织布工作中，这项发明比西方国家早了400多年。

缂丝、染色：粗布变华服

　　随着古人审美需求的不断提升，衣服不再单纯地作为蔽体之用，人们希望衣服上有花纹，有图案，有一些个性化的东西，于是缂丝、染色等技术也就应运而生了。

缂丝又叫作"刻丝"，这种技艺织成的花纹特殊之处在于极富立体感，远远看去好像雕琢镂刻一般。著名的苏州缂丝织造技艺是国家级非物质文化遗产之一。

　　进行缂织的时候，人们用生蚕丝作为经线，用熟彩丝作为纬线，按照先前绘制好的图案，用多把小梭子进行挖织，这样色彩和色彩之间会出现一些断裂的痕迹，形成刀刻般的效果。

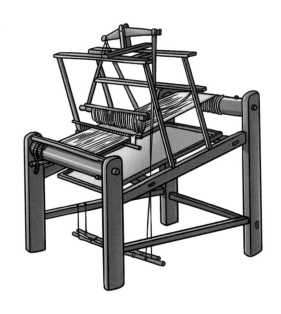

衣服有了图案，当然不能少了颜色。在衣物染色方面，古人会从天然的颜料上提取颜色。比如从红花、茜草中提取红色，从栀子、槐花中提取黄色，从胡桃树、栎树中提取黑色……

通过不断采集和整合色彩，古人创造的衣物颜色达到了几百种之多。我国的衣物染料更是远销海外，在世界上产生了深远影响。

了不起的中国古代智造

小结

衣食住行是人类生活永恒的主题。"衣"之所以排在首位，是因为它不仅能够帮助人类避寒暑、防虫、防风雨，还能够遮羞蔽体、彰显身份地位。

为此，人类学会了养蚕缫丝、纺纱织布，并且发明了一台又一台机器，以及缂丝、染色等各种工艺，最终织就了万千华美的衣衫，也织就了绚烂的中华服饰文化。

化泥土为神奇——古代陶瓷制作技术

陶瓷，是陶器与瓷器的总称。以陶土和瓷土这两种黏土为原料，经过配比、塑形、烘干、焙烧等一系列流程而制成的器物，都可以称之为陶瓷。

在中国古代的文明进程中，陶瓷的出现以及发展是相当重要的一部分，各种形状的陶器与瓷器成为人们生活中必不可少的用具。

纵观历史长河，中国古代各个时期的陶瓷都有着不同的艺术审美和技术水平。即便时隔千百年，发掘出的陶瓷器具所应用的工艺仍旧让人叹为观止。

英文中，china意为瓷器，又意为中国，足以见得我国陶瓷技艺的登峰造极，中国陶瓷凭借强大的实用性和独特的艺术性成为全世界喜爱的物品。

诞生于原始社会的陶器

　　早在新石器时代，人们把黏土加水混合，做成各种不同形态的器具，干燥后用火烧硬，形成了陶器，作为当时生活的主要用具。

起初，陶器的原料并不十分稳定，在制作成形的过程中很容易断裂。于是，人们尝试在泥土中掺杂沙子，发明出了泥质夹沙灰陶和夹沙红陶。人们还在泥土中掺杂经燃烧炭化的稻壳和植物茎叶，发明出了夹炭陶。这些陶器耐火、耐水，可以用来取水和烹饪等。

随着时代的发展和技术的进步，古代的陶器制作水平也在不断提高。黑陶、白陶、彩绘陶器等制作工艺更精湛、更具艺术审美价值的陶器接连出现，并在古人的日常生活中广为应用。

著名的秦始皇兵马俑就是制成兵马形状的陶俑。俑坑内有1.8米高的武士俑、1.72米高的陶马、与实际大小一样的陶制战车等。兵马俑的身材样貌均有不同，可见当时的制陶技术已经十分高超。

唐朝时，出现了一种著名的陶器——唐代三彩釉陶器，即我们平时经常说的"唐三彩"。唐三彩的颜色有很多种，但以黄、白、绿为主，因此得名。很多人都以为唐三彩是瓷器，但实际上它的烧制温度在800至1000℃，仍然属于陶器。

唐三彩

化泥土为神奇——古代陶瓷制作技术

从陶到瓷——艺术与技术的飞跃

　　陶器的原料为陶土，而瓷器的原料则是高岭土。首先要将纯净的高岭土粉碎过筛，经过反复淘洗和沉淀，将较粗的颗粒和杂质去掉；然后经过一次次揉搓，做出塑性极强的制胎坯料；最后经过1200至1300℃高温烧制，才能成为比陶器更为精美的瓷器。

粉碎　过筛　淘洗　揉搓　烧制　完成

瓷器的出现虽然晚于陶器，但距今也有三千多年的历史。东汉以前，古人使用的多为陶器，但也有少量瓷器；到东汉时，古人完全掌握了高水平的制瓷技术，这要领先欧洲1000多年。

东汉时期，瓷器质地温润、釉面光泽度高，釉下没有石英残留，制作工艺相当成熟。三国时期的越窑成为当时的名窑，所出产的瓷器胎质坚硬，釉质纯净，颜色有淡青、黄、青黄等。

隋唐时期，南方的越窑青瓷与北方的邢窑白瓷并称为"南青北白"。高超的制瓷技艺，为瓷器的繁荣拉开了序幕。

化泥土为神奇——古代陶瓷制作技术

五大名窑——瓷器的繁荣时代

说到我国古代的瓷器繁荣时期，宋代当之无愧。当时的瓷釉出现了各种颜色，黑色、青白、彩绘等瓷器熠熠生辉。

"定、汝、官、哥、钧"五大名窑诞生。

定窑瓷器以白瓷为主，釉色还有黑、绿和酱色，质地细致、薄而有光、釉色如玉。定窑瓷器有划花、绣花等装饰工艺，还有特制的"竹丝刷纹""泪痕纹"等精美的花纹样式。

定瓷赏盘

汝窑瓷器大多为青瓷，胎体薄、瓷釉厚，釉面有细微开片，成品质地宛如玉石。汝窑瓷器一般采用支钉支烧法，仅会在底部留下微小的痕迹，丝毫不影响美观。

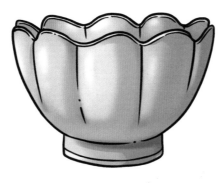

汝瓷莲花碗

官窑瓷器的釉色主要为月色、粉青、大绿。官窑瓷器胎体较厚，釉面多数为大纹片，这是胎体和瓷釉受热后膨胀的程度不同所产生的独特效果。

官瓷六棱花瓶

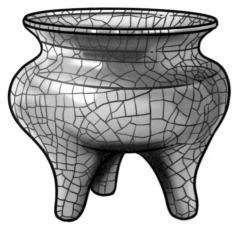

哥瓷三足炉

哥窑瓷器的主要特征为釉面裂纹大小各异，也就是流传至今的开片。哥窑瓷器因开片的形状不同而有各式各样的纹理图案。

钧窑瓷器需要经历两次烧制才能成功：第一次素烧之后再加瓷釉，第二次烧制之后方能成为千变万化、色彩纷呈的瓷器成品。

钧瓷渣斗

钧窑瓷器有如此瑰丽的颜色出现，是因为在烧制过程中加入了铜的氧化物，这也是中国瓷器历史上的重大发明之一。

化泥土为神奇——古代陶瓷制作技术

瓷都——景德镇

　　提到瓷器，就绕不过一个地方——景德镇，这里被誉为"瓷都"。如果光听名字，可能会让人以为它只是一座小镇，但实际上，它是一座拥有5256平方千米面积、160多万人口的地级市。

景德镇

"景德"归你，瓷器归我!

景德镇盛产制作瓷器所需的高岭土，从唐朝就开始生产瓷器了。这里生产的青白瓷闻名于世，有"白如玉，明如镜，薄如纸，声如磬"之称。北宋时，这里烧制出了一种特别漂亮的"影青瓷"，宋真宗非常高兴，就将自己的年号"景德"赐给了这里，景德镇之名由此而来。

除了"影青瓷"之外，景德镇的著名瓷器还有釉里红、釉上彩、斗彩、釉下彩、颜色釉等很多种。其中在瓷器坯胎上先画好图案、上好釉色之后，再放入瓷窑烧制的彩瓷叫作釉下彩。大家所熟知的"青花瓷"就是釉下彩的一种。

青花瓷

小结

千百年来，陶瓷在人类生活中扮演着重要的角色，逐渐变得不可或缺。

这瓷器我每天过手好几盆，我都快成瓷器鉴定大师了！

从最开始的陶器到更加坚固耐用、易清洗的瓷器，其制作水平也在不断提高。

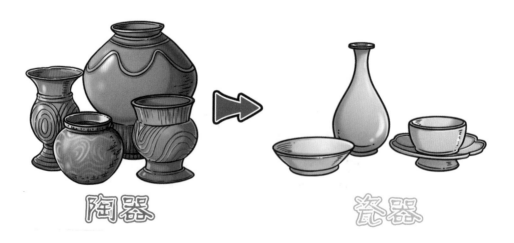

陶器 → 瓷器

了不起的中国古代智造

精湛的制作工艺，也使陶瓷从日常生活用品逐渐变成了极具观赏性的艺术品。

陶瓷也因此在中国乃至全球的艺术文化发展过程中占有重要地位。

化泥土为神奇——古代陶瓷制作技术

炉火照天地，红星乱紫烟——古代金属冶炼与铸造技术

我国的金属冶炼铸造技术源远流长。

从商周到秦汉，在一千多年的时间里，块范法、失蜡法、百炼钢等一系列冶炼铸造方法逐渐诞生。

靠着这些方法，古人从青铜时代进入了铁器时代，铸造出了农具、武器、装饰品等各种物件。金属及金属制品为古人的生活提供了很多便利。

青铜时代

铁器时代

先进的冶金技术和丰富的金属制品，不仅推动了文明的进步，还给后人留下了数不尽的艺术瑰宝。

了不起的中国古代智造

金器鼻祖——青铜器

在众多金属中，古人最先冶炼出的是青铜。到商朝时，青铜器的铸造水平已经相当成熟。在古人发明的青铜器铸造方法中，以块范法和失蜡法最为主要。

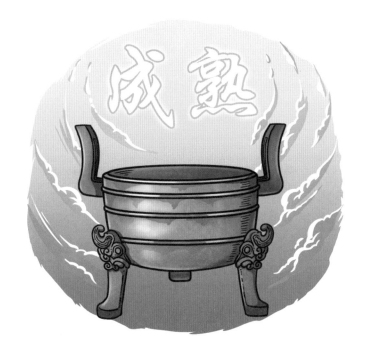

块范法从商代就开始应用，是使用最广的青铜器铸造方法。第一步是制模，也就是用木、石、陶土等材料做成模子。第二步是制范，即用泥料做成外范和小一号的内范。

外范

内范

　　第三步是浇铸，这一步是把熔化的铜液灌到内、外范中间的缝隙里去。第四步是修整，去范之后要修掉多余的飞边和毛刺。

倒入缝隙

块范法既能铸造小型的刀、碗，也能辅以分铸法做成巨大的器、像。分铸法就是先浇铸出器具的几个部分，再把这几个部分合起来变成一个整体。

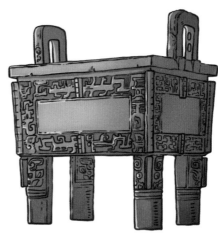

青铜之王

青铜典范

古代工匠应用块范法制造了数不清的青铜器，"青铜之王"后母戊鼎、"臻于极致的青铜典范"四羊方尊等，就是块范法的杰作。

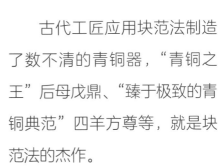

失蜡法是先用容易熔化的材料（如蜂蜡、牛油）塑成模子，再在模子的表面和里面淋上泥浆，然后在泥壳涂上耐火材料，烘烤使蜡油熔化形成空心的腔，最后往腔里面浇铸铜液，冷却之后去壳。

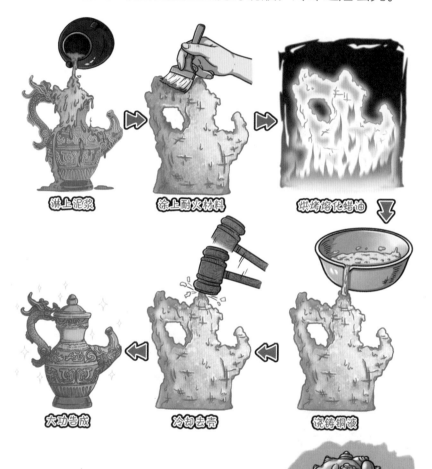

淋上泥浆　　　涂上耐火材料　　　烘烤熔化蜡油

大功告成　　　冷却去壳　　　浇铸铜液

失蜡法的特点是可以制作艺术性极高的作品。颐和园中的铜狮子等青铜制品，就是用失蜡法做出来的。

铜狮子

锋芒毕露——青铜剑

夏代晚期的二里头文化是目前考古发现中我国最早的青铜文化。河南偃师二里头遗址已经出土了青铜容器、乐器、兵器、工具等，并发现铸造遗址。当时战争频繁，因此大量的青铜被用来制作武器，铜矛、铜盾、铜刀等悉数登场。

如何让青铜兵器变得更加坚韧、更加锋利，是古代工匠们一直在思考的问题。在不断的摸索中，他们终于发现，不同的青铜合金成分可以改变兵器的性能。

坚韧+锋利

两个都要兼顾，这个问题很让人困扰哇！

炉火照天地，红星乱紫烟——古代金属冶炼与铸造技术

41

成书于西周时期的《考工记》这样记载："金有六齐。六分其金而锡居一，谓之钟鼎之齐……金锡半，谓之鉴燧之齐。"可见当时人们就已经认识到合金配比与青铜制品之间的联系。

应用合金熔炼技术，古人铸造出了很多著名的兵器，公元1965年出土的越王勾践剑就是其中的代表。

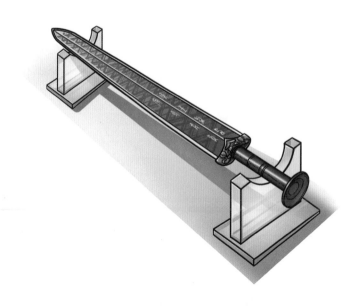

越王勾践剑剑身满饰黑色菱形花纹，剑格正面和反面分别用蓝色琉璃和绿松石镶嵌成美丽的纹饰。此剑历经两千五百多年的时光，出土时仍寒光逼人、锐利难当。

与越王勾践剑齐名的还有吴王夫差矛，此矛铸造工艺极为精良，矛身与剑类似，呈三棱形，上面刻有黑色暗花，矛脊的末端铸有兽头作为装饰。

炉火照天地，红星乱紫烟——古代金属冶炼与铸造技术

43

化刚为柔——冶铁技术

春秋末期，古人已经掌握了冶炼生铁的技术。把铁矿石和木炭一起在高温下加热，使铁矿石熔化为液态铁，再对冷却后的液态铁进行铸造，就可以得到生铁锭。

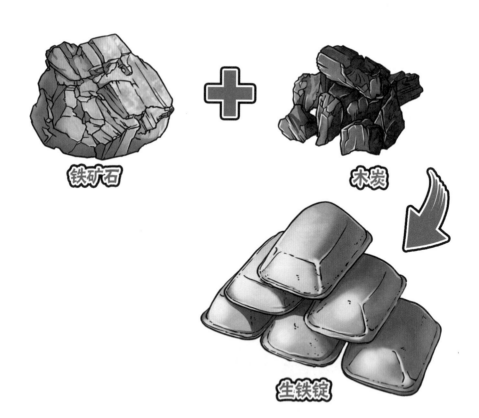

铁矿石

木炭

生铁锭

生铁铸造出来后，人们发现这种铁脆性大、易断裂。于是，又通过热处理的方法，创造出了可锻造的铸铁。

　　热处理就是把生铁投放到退火炉中，实施二次加热，并通过控制温度和时间，把生铁中的化合碳变成石墨。因为石墨具有柔化铁的作用，所以热处理后的生铁就变成了韧性强、强度高的铸铁。

　　战国时期，热处理技术进一步发展，出现了淬火处理技术。到了西汉中期，冶铁行业出现了巨型的炼炉和鼓风系统，优质的灰口铁被制造出来。北魏时期，古人又突破了一大技术难关，掌握了球铁铸造技术。

民之大用——铁制农具

冶铁技术诞生后，各行各业开始尝试应用铁器，特别是农业生产领域开始大量使用铁来制造农具。

这可是我们农民的福音！

战国时期，农具由原来的全木结构变成了木心铁刃，就是在木头器具上面套上一个铁制的外刃，比如铁锸。这些铁制工具可以减少耕种时的阻力，提高农业生产效率。

秦朝开始，冶铁技术全面发展。铁制农具种类快速增多，质量也大获提高，真正成为"民之大用"。随着牛耕的推广，耕犁的制作技术也开始革新，除了全铁的犁铧，还制造出犁壁，深耕和碎土变得更容易。

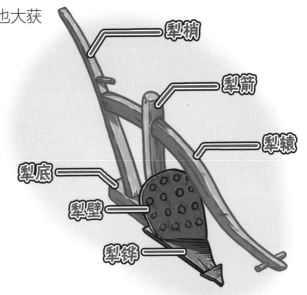

犁梢
犁箭
犁辕
犁底
犁壁
犁铧

隋唐时期，带有铁制部件的耧车和翻车的出现，加快了播种和浇灌的速度，减少了人力劳作，这是农业生产上的一个巨大进步。

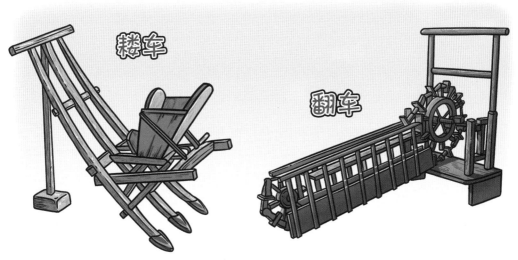

耧车
翻车

千锤百炼——炼钢技术

"何意百炼刚，化为绕指柔。"这句著名诗句中的"百炼刚"，指的便是我国古代最主要也是最初的炼钢技术——百炼钢。

百炼钢就是在炼制钢材的过程中，反复灼烧，反复捶打，一块钢材往往要捶打几百次之多。多次的捶打去除了钢材中的杂质，也让晶粒更均匀地分布在钢材表面，增加了钢材的强度。

由于百炼钢耗时又费力，成本极高，所以在古代多用来制造宝刀、宝剑等贵重物品。

除了百炼钢，炼钢的技术还有炒钢和灌钢。炒钢是先把生铁加热到液态或者半液态的状态，再撒入精矿粉，使生铁中的锰、硅、碳氧化，降低生铁中碳的含量，直至达到钢的含碳量，从而得到钢材。

灌钢技术是把生铁和可锻铸铁放在一起冶炼，得到一种含碳量高的优质钢材，这种钢材主要被用来做刀剑的锋刃。北齐的冶金大师綦母怀文造出的著名刀具"宿铁刀"就应用了灌钢技术。

哈哈哈，我耗尽半生，终于炼成了！

小结

从青铜到铁再到钢，古人发现和使用的金属越来越多，冶炼技术也在不断精进。

青铜 ➡ 铁 ➡ 钢

应用这些金属打造出的器具，有的具有实用性，有的具有艺术性，它们都在各自的领域闪闪发光。

同时，古人留下的这些精湛的铸造、冶炼技术和无数的金属器具，也激励着我们继续将传统铸造技术发扬光大。

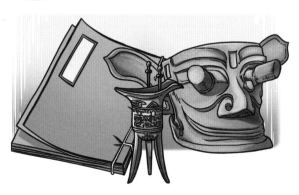

炉火照天地，红星乱紫烟——古代金属冶炼与铸造技术

凿山开井终见金——古代采矿技术

中国古代劳动人民在种植庄稼、狩猎捕鱼的过程中，陆续发现并使用了石器、木头、兽骨等工具，后来他们又发现了含有金属的矿物。

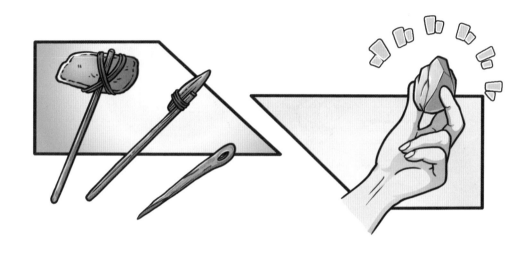

通过采集和冶炼矿石，古人制作出了精美的青铜器、坚固锋利的铁器，并且取代了以木、石、骨为主的原始、落后工具。

古代的统治者都非常重视采矿，并将其视为国家的命脉。人类文明也从石器时代进入了青铜时代、铁器时代。

为了挖出更多的矿，古人还总结、发明了很多探矿、采矿及安全防护方面的经验和技术。

寻龙千万看缠山：古代探矿技术

在中国古时候，有一个特殊的名词叫"寻龙"。不过古人要找的并不是真的龙，而是山的主脉。通过"寻龙"，古人力求弄清矿产资源的分布规律。

其实，早在远古时期，人类就已经认识了三十多种矿物。后来，古人发现，绝大多数矿物所分布的地方都有一定的规律可循。这些规律经过不断总结，具有很高的科学性。

比如，如果地面上生长的植物呈现出某种特殊的颜色，那么地下就很可能藏有金属矿。古人根据经验，可以从草木的颜色来判断地下是哪种金属。以铜矿为例，长在铜矿上的花草会呈现出浓重的蓝色或紫色。

再如，通过对地表岩层的分析，可以知道地下是否存在金属矿。两千多年前的春秋时期，齐国的相国管仲就提出了著名的"管子六条"，其中列举了铁、铜、锡、铅、金、银、汞等多种金属矿的探查方法。

从露天到地下：古代采矿技术

　　中国蕴藏着丰富的矿产。这些矿产有的是固体，如金属、玉石、煤；有的是液体，如石油；还有的是气体，如天然气。其中有些位于地表或很浅的地下，可以直接露天开采；有些则位于很深的地下，所以需要地下开采。

矿石

玉石

石油

在古代，露天开采通常分为"掘取"和"垦土"两种方法。掘取，就是把矿产表层的土或石头剥除，再往下挖，就能挖出矿物；垦土更加简单，只要翻耕有矿的土地，矿物就能够直接露出地面。

这都不用往下挖，遍地都是矿！

虽然有些矿可以露天开采，但是矿物表面过于坚硬，用工具很难破除。不过，早在5000多年前，聪明的古人就开始使用"火爆法"：用火将矿石烧热，使其表面变脆；有时烧热矿石后，还用冷水浇，利用热胀冷缩的原理使石头表面裂开。这样采矿就容易多了。

对于深埋于地下的矿物，古人通过开凿矿井的方式进行开采，分为立井、斜井、平巷联合开拓等多种开采方法。利用这种方式，不仅可以得到金属、玉石等固体矿物，还可以获得盐泉、石油等液体矿物。

此外，古人还开凿出了可以产生天然气的"火井"。用天然气来煮含盐的泉水，由于火力更猛，可以更快地得到食盐；将天然气装进竹筒，点燃之后可以当火把来使用。

天然气火把

生命可贵，安全第一：古代采矿安全防护技术

安全防护自古以来就是采矿业最关心的问题，特别是地下开采，一旦发生事故，往往造成极为严重的后果。为了解决这个问题，古人在矿坑的钻进、支护、通风、排水等方面发明了很多先进的技术。

在开凿矿井时，古人有着严格的施工程序。首先要勘察井位，然后还要开井口、立石圈、竖井架、下套管，等等。为了确保每一个环节都不出问题，古人发明了几十种开凿矿井所需要的技术和工具。

打好矿井之后，古人会用鸡毛、鸭毛来测试矿井里是否有毒气。如果鸡毛在井口盘旋不下，说明里面有毒气，必须等毒气排空之后才能进入。

为了防止矿井塌方，古人还发明了在井道和巷道中用石头、木架来支护的方法；后来又产生将废料和含矿量低的石头填入采空区的充填支护法。

利用废料填入采空区——充填支护法。

为了解决通风问题，古人会在矿洞上方开凿多个风井，有的还会用风箱鼓风；为了解决排水问题，古人发明了一种名叫"吞筒"的工具，用粗大的竹筒制成，底部安有活动阀门，可以在矿洞深处抽取淤积在坑底的泥水，后来又修建了专门的水仓、水槽、排水井等。

矿产的开发，是人类利用自然资源的一大创举。

　　从商周时期到明朝末年，中国的采矿技术在世界上一直处于领先地位，特别是井盐的开采技术，更是在世界采矿史上书写了精彩的一笔。

凿山开井终见金——古代采矿技术

63

现存湖北大冶的铜绿山古矿井遗址始建于西周时期。该遗址采矿技术最显著的特点是采用竖井、斜井、盲井、平巷联合开拓法进行深井开采，堪称世界采矿史上的一大奇迹。

宋朝以后，随着火药被应用于采矿，矿物的开采量大大提升。在采矿过程中，古人不但付出了艰苦的劳动，还发明了先进的采矿技术。

古代书写材料的革命
——造纸术

造纸术是中国古代四大发明之一，这一伟大发明不仅改变了人类的书写方式，也推动了文化的传播和经济的发展，是中国对世界科学文化发展做出的重大贡献。

最早，文字被刻在石头上，刻在龟甲上，铸在青铜器上，写在竹帛上。秦始皇时期统一文字之后，为了便于传播文化，人们开始研究可供书写的材料。

由于社会需求与科技水平的提高，中国古代的造纸术应运而生。

这批新改进的纸厚度还是不错的！

在历史长河中，造纸术的发展也经历了探索、改进、成熟、完善等几个时期。

每个时期造纸术的发展都对当时的社会产生了巨大影响，包括经济、文化等各个方面。下面就让我们来看看中国古代造纸术的发展历程吧！

来，都往这儿看，我带你们看看古代的造纸术是如何发展的！

纸对人们生活的影响

书本

卫生用品

日代用品

包装箱

古代书写材料的革命——造纸术

初级造纸——劳动人民的借鉴和创新

根据考古发现，中国古代的造纸术产生于西汉以前，那时的纸别名"赫蹄"或"方絮"，其制作灵感是从丝织品的制作过程中所获得的。

秦汉时期，制作丝绵的手工业非常普遍，其中处理次茧的时候，需要将其反复捶打，将外部蚕衣捣碎。这种方法渐渐发展成造纸过程中的关键步骤——打浆。

除此之外，聪明的古人在用石灰水或草木灰水为丝麻脱胶时，联想到可以在造纸时用同样的方法为植物纤维脱胶。因此，最初的纸就通过这些较为普遍的技术制作出来了。

草木灰生成中……

用来脱胶的水不够，再来一桶！

来啦！

初期的造纸术技术水平非常一般，造纸原料大部分是树皮和苎麻等。所以制作出来的成品纸张质地并不好，表面十分粗糙，并不适合写字，大部分只能作为包装来使用。

升级改进——质量更高、价格更低

到了东汉时期，传说蔡伦从黄蜀葵、槿叶等植物中获取黏液，制作成"纸药"，可以让纸浆中的纤维分散均匀，不易成团打结，使得纸张更容易分开。

原本较为粗糙的造纸术成功被改造，经历挫、捣、炒、烘等重重工艺流程，终于制作出了质量更高的纸张，这也是现代纸张的雏形。

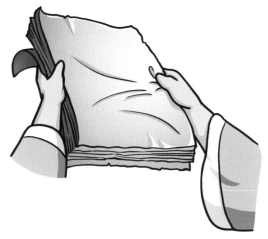

自此，纸张开始成为中国古代的书写材料，造纸技术也得到了广泛传播。

有一位书法家名叫左伯，他在使用纸张的时候发觉质量不够好，于是开始进一步研究造纸技术，提高造纸水平。

经过不断的钻研，他成功造出"左伯纸"。这种纸纤维细腻、分布均匀，而且质地更加平整光亮，非常适合书写和作画，深受当时人们的欢迎。

工艺完善——百花齐放的纸张

中国古代的纸张原料从东汉时期的楮皮，到魏晋时期的桑皮、藤皮，再到唐代的香皮，甚至用坚硬的竹子造纸，这标志着造纸工艺的完善，竹浆造纸也为现代木浆造纸打下了坚实的基础。

竹浆纸

唐朝时期，在造纸过程中多了不少特殊工艺，如加矾、胶，还有洒金、染色等技术，可以生产出各种各样的特殊纸张，不仅纸张质量提高了，品种也越来越多。

矾

染色

洒金

胶

在时代的长河中，有不少出名的纸张直至现在也仍旧颇负盛名。彩色的蜡笺、冷金、砑纸等名贵纸料，以及宣纸、壁纸、花纸等质地各异的纸张，都渐渐成为文化发展和日常生活中能用得上的东西。

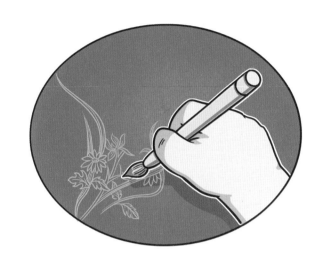

宋朝时期，纸张又多了一个非常重要的用途，那就是被印成早期的纸币。当时人们将这样的纸币命名为"交子"，交子渐渐取代了不便携带的金属货币，中国成为世界上最早使用纸币的国家。

小结

　　作为中国古代四大发明之一，造纸术的发明比其余三项更早。

第一大发明

古代书写材料的革命——造纸术

因此，纸从东汉以后，就开始在中国广泛使用，在书籍印刷和科学文化知识传播等方面做出了巨大贡献。

此后，通过丝绸之路，造纸术传播到了世界各地，推动了整个世界的文化发展和传播，惠及全人类。

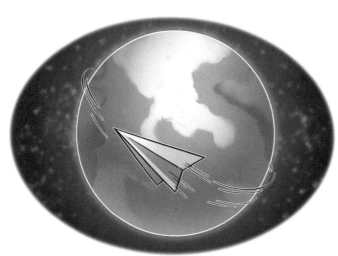

即便如今的现代化电子设备飞速发展，手捧纸质书籍阅读的方式也依然存在，并且深受人们的喜爱。

传播文化，传承文明
——印刷术

在印刷术出现之前，文字、书籍的复制和传播主要靠手抄。

这种方法不仅费时费力，而且很容易出现错漏的情况，既不利于文化的发展，也给文化的传播带来不必要的损失。

聪明的古人从印章的原理中获取灵感，先是用纸在石碑上拓字，后来又发明了雕版印刷和活字印刷。

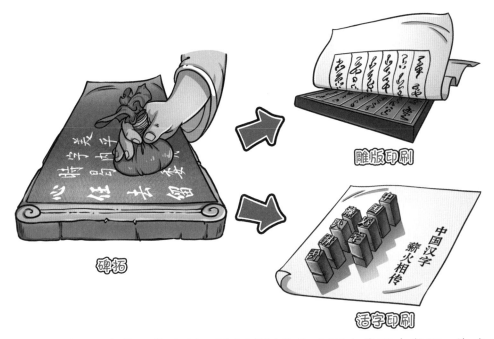

碑拓

雕版印刷

活字印刷

印刷术与火药、指南针、造纸术被称为中国古代四大发明，为全世界文明的发展做出了巨大贡献。

印刷术

造纸术

火药

指南针

印刷术的源头 —— 碑拓和印章

　　上古时期，古人不仅没有发明印刷术，甚至连文字、纸张都没有，他们只能结绳记事，或者在陶器、石头的表面刻画一些符号，用来表达自己的想法。

文字诞生之后，古人将它刻在龟甲与兽骨上，称为"甲骨文"；刻在青铜器上，称为"金文"；写在布帛上，称为"帛书"。它们有一个共同的特点，就是要一个字一个字地去写、去刻。

　　东汉时，古人为了节省抄写文字的时间，就将一些重要的需要经常复制的文字刻在石碑上，然后在石碑上涂上墨水，把一张纸覆盖在石碑上，这样，碑上的文字就以黑底白字的形式留在了纸上，这就是"碑拓"。

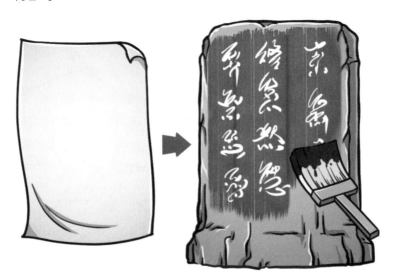

碑拓这种方法的灵感来自印章。印章上的字都是反的。有的是凹陷下去的，被称为"阴文"；有的是凸出来的，被称为"阳文"。印章蘸上颜色以后，印在纸上就变成了正字。

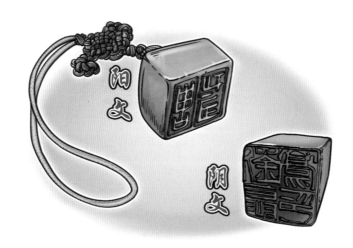

　　碑拓和印章的内容既可以是文字，也可以是图像。所以这两种图文复制的方法也被当成一门艺术，受到中国历代书法、绘画爱好者的喜爱，一定程度上起到了促进文化传播的作用。

雕版印刷

　　受到印章和碑拓的启发，古人开始研究将大量文字特别是书籍迅速复制的方法。

有办法啦!

他们选择适合雕刻的枣木和梨木做成木版，把要复制的文字一个个反刻在木版上，直到把一本书的全部内容都刻出来，这样就可以"一劳永逸"，一次性印出成百上千本书籍。这种方法被称为雕版印刷。

古代雕版印刷起源于哪个朝代，历来众说纷纭。从技术发展角度分析，产生在隋唐之际的可能性较大。人们在敦煌莫高窟里发现了一部采用雕版印刷印制的《金刚经》，刻印于公元868年。

不过，世界上现存最早的雕版印刷品并不是这部《金刚经》，而是一部名为《无垢净光大陀罗尼经》的佛经。这部佛经发现于韩国，据考证，应是公元8世纪上半叶唐东都洛阳的武周刊本。

现存最早

从唐朝到明清，雕版一直是印刷行业的主流技术，并且形成了官刻、私刻、坊刻和寺院刻书四大系统。印刷业最发达的城市有开封、成都、杭州等，特别是宋代的雕版书，是历代收藏家最喜爱的珍品。

元朝时，雕版印刷有了巨大的创新：一是朱墨两色套印的发明，二是书籍开始有了封面。明朝时，雕版套印技术从朱、墨两种颜色变成了朱、墨、黛、紫、黄五色套印，而且出现了多种颜色叠加在一起印刷的方法——饾版和拱花技术。

五色套印

传播文化·传承文明——印刷术

印刷史上的技术革命——活字印刷

雕版印刷使用木板做原料，可以说是非常经济实用的，但它也有缺点。比如雕版费时费力，而且一旦雕错一个字，整个版就作废了。此外，制作好的雕版不易保存，时间一长就会开裂、变形、虫蛀。

在这种情况下，北宋的毕昇发明了泥活字印刷术。活字印刷跟雕版印刷都是先刻出凸起的反字，然后刷墨、印书。

但二者也有不同之处：雕版用的是整块的木板；泥活字则是将字刻在一个个泥块上，然后用火烧硬，印刷时先排版，再印书，印完之后可以把泥活字拆下来，下次可以继续用。这是印刷史上一项伟大的发明。

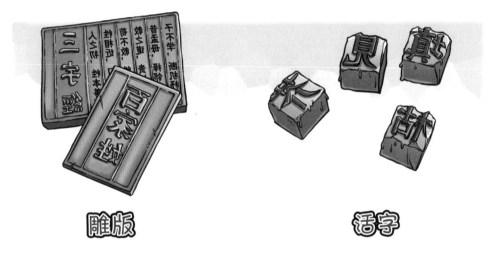

雕版　　　　　　　　活字

元朝时，古人在泥活字基础上又发明了锡活字和木活字。元朝学者王祯在印刷自己编纂的《旌德县志》时，就成功使用了木活字。

泥活字

锡活字　　　　　　　　　木活字

同时，王祯还发明了一种可以转动的排字盘，又叫转轮排字架。将常用的字按照一定的分类规则放进可以转动的带格圆盘中，使用时随手一转，按照分类规则，就能找到自己想要的字，大大节省了时间。

还是这样方便啊，简单又快速！

明朝时期，人们在泥活字、木活字、锡活字基础上发明了铜活字。清朝时期的人们则发明了磁（旧同"瓷"）活字：在泥活字上面加上一层磁釉，烧制好以后就变成了磁活字。这种磁活字坚固耐用，可以长久保存而不会受到磨损。

这样就能用的时间久一些了！

小结

　　作为中国古代四大发明之一，印刷术曾被人誉为"人类文明之母"。它不仅是一门技术，更是中华文明和全世界人类文明发展与进步的"参与者"和"见证者"。

人类文明之母

由于印刷术的推广和普及，昂贵的书籍变得价格低廉，普通人也可以买书、读书，从而打破了贵族统治阶层对于知识的垄断。

可以说，人类能够从愚昧的"旧时代"进入文明的"新时代"，印刷术的功劳绝对应该排在前列。

最『火爆』的古代发明——火药

硫

着火的药

碳　　硝

我国古代的四大发明举世闻名，在这四项发明里，最具杀伤力的发明非火药莫属。

说起火药的发明，其实源自一场意外。古时的炼丹士在炼制丹药时，不经意间在丹炉中发现了火药的基本配方，火药也因此而诞生。

由于火药具备易燃易爆的属性，所以人们将它制作成各种各样的武器，并应用在了大大小小的战争中。

火药的出现，彻底改变了战争的模样，同时也对古代经济和社会活动产生了深远的影响。

藏在炼丹炉里的火药秘方：硝石、硫黄、木炭

古代的所谓炼丹士相信，那些硬邦邦、毒性大的金石药"坚硬且贵重"，人吃了就能长生不老。不过这些药不能直接吃，必须用火伏一伏（用文火或武火提炼），降低毒性后才能服用。

那时的炼丹士都有一套自己的"伏火"方子，方子中一般都含有硝石、硫黄、木炭等。

不过比起抑制药物的毒性，"伏火"方子更容易引起爆炸，引发火灾。炼丹炉被炸、房子被烧的事情时有发生。

这是因为硝石、硫黄、木炭的混合物非常容易被点燃，且燃烧时会发生氧化还原反应，生成大量的气体。如果这些气体被禁锢在狭小的空间里，就很容易发生爆炸。后来，人们便把由硝石、硫黄、木炭三种物质构成的药称为"着火的药"，这也是"火药"名称的由来。

在民间大放异彩的火药：
演杂技、治百病

虽然这些"着火的药"不仅解决不了长生问题，还容易引发火灾，逐渐被弃用，但是这个配方流传到了民间，就有了许多别的用途。

在杂技表演中，火药是调节气氛的高手。比如宋代的"抱锣"，就是一种在火药燃起的烟火中表演的乐舞。

在医药领域，一些医者将火药当作治病的良方。《本草纲目》中曾提到：火药可以治疗瘟疫、除湿气。

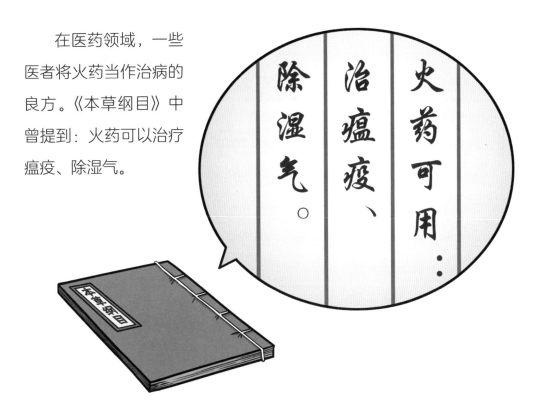

火药的原料硝石、硫黄也可以入药。汉代成书的《神农本草经》中，硝石被列在上品第六位，可以治疗二十多种疾病；硫黄位列中品第三，能治疗十多种疾病。

走进战场的火药：火箭、火球、霹雳炮、震天雷……

后来，火药的配方由民间传入军队。军事家们先是利用它可燃烧的性能，制作出了火箭、火球……

装备升级！

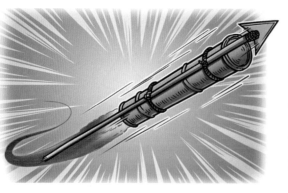

火箭是一种在箭杆上绑火药筒的武器，射击时点燃火药筒，利用向后喷气的力量把箭镞推出去。

火球则是一种抛射武器，需要把火药包放在抛石机上，瞄准攻击的目标后完成抛射。

随着古代战争的升级，单纯利用火药燃烧性制造的武器已经不能满足战斗需求。

这个好！不仅威力大，而且射程远！

火蒺藜

震天雷

霹雳炮

于是利用火药爆炸性的武器诞生了，这其中具有代表性的有火蒺藜、霹雳炮、震天雷等。

最「火爆」的古代发明——火药

火蒺藜是球形火药和铁蒺藜的组合体，使用时，让火药燃烧，抛到敌人的阵营。这样火药的爆炸力就能让铁蒺藜迸发出去炸伤敌军。

了不起的中国古代智造

霹雳炮的制作是把火药装进纸筒，纸筒外留下引线。投放时将引线点燃，霹雳炮就会升空，发出"霹雳"的声响；随后降落，再发出"霹雳"声。伴随着响声，纸筒破碎，烟雾弥漫，迷住人和马的眼睛。

噼里啪啦

震天雷是升级版的霹雳炮，它的内部是火药，外部是生铁，引爆之后能炸穿铁甲，威力巨大。

《金史》中这样描述它："铁罐盛药，以火点之，炮起火发，其声如雷，闻百里外，所爇围半亩之上，火点著甲铁皆透。"

变身管状武器的火药：
火枪、突火枪、火铳

南宋时，应用火药制造的管状类武器出现，火枪、突火枪、火铳成为战场上的新宠。

火枪是用长竹竿做成的枪形武器，竹竿里面放上火药，点燃之后就可以射出火焰。突火枪与火枪形似，不过它的先进之处在于里面装上了子窠（原始的子弹），点燃后子窠就会被射出去。

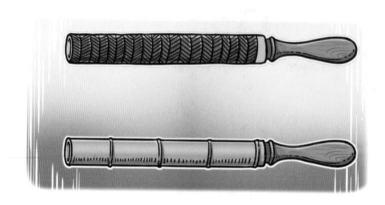

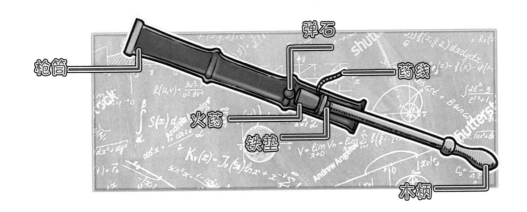

枪筒　　弹石　　药线

火药　　铁垫　　木柄

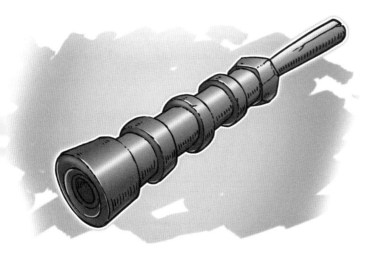

到了元明时期，军事家将突火枪的竹竿替换成了铜或者铁，制造出了火力更强的火器，这种火器就叫作火铳。

直到今天，管状类武器中依然可以看到火枪、火铳的影子。可见管状类火器是世界兵器史上的一座丰碑。

小结

火药的发现可以说是"无心插柳柳成荫",但它所产生的影响却是巨大的。

我到底炼出来了什么东西,怎么这么厉害?

火药威力极大

万万没想到!

爆竹

在民间,它是杂技表演中的烟火;在医馆,它是治病的良药。

你的脉象紊乱,待我给你开一服火药!

大夫,我还有救吗?

救命啊!

真正让它声名鹊起的是战争,由于威力巨大,热兵器取代冷兵器,成了战场上的新宠,并最终推动了世界历史的发展进程。

了不起的中国古代智造

巧夺天工——古代「黑科技」大盘点

提起中国古代的发明创造，很多人的第一反应就是四大发明，因为它们深刻地影响了整个人类文明的发展进程。

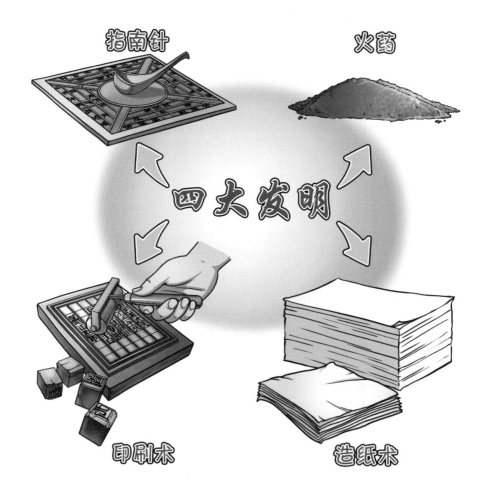

但是，除了四大发明之外，勤劳智慧的古人还创造出了很多在今天看来不可思议的先进技术和器物。

用现在的流行语来说，就是古人创造出了很多"黑科技"。因为以古人所掌握的知识和技术水平，这些东西似乎是不可能出现的。

可是它们偏偏出现了，而且其中有些东西即使放到现代，也依然令人感到震撼。下面就让我们一起来盘点一下中国古代都有哪些黑科技。

古代机器人——歌舞演奏、赚钱捕鱼样样行

　　隋朝时，大臣柳顾言深受隋炀帝宠爱，两人经常在一起讨论诗词文章。因为见面不方便，隋炀帝就命人照着柳顾言的模样做了一具木偶。木偶体内装有机关，可以站立、坐着、跪拜，几乎跟真人一样。

哈哈哈

这问题不就顺利解决了吗？

唐朝时，洛州人殷文亮用木头制成了一个女人模样的木头机器人。每次饮酒时，殷文亮就给它穿上华美的衣服。然后，机器人就会唱歌、吹笙，为大家助兴，并劝人饮酒。

唐朝的柳州刺史王据，制造了一个形状像水獭的机器人，它的嘴里装有机关，把鱼饵放到触发机关的位置，然后把石头放到机器人的嘴部，这样它就可以沉入水底。一旦鱼吃了鱼饵，机关就会被触发，石头会从它的嘴里掉落，而鱼也会被它衔在嘴里，再也跑不了。随后，它就会从水底浮到水面上。

现在看来，古代这些机器人其实就是一些比较复杂的机械装置，只是在当时就能设计得如此精巧，也足以令人感到非常神奇、不可思议了。

古代武器 —— 侦察机、火箭炮、八牛弩、轰炸机

　　早在2400多年前的春秋时期，著名的木工大师鲁班就发明了一种"无人机"——木鹊。它用竹子和木材制成，可以在天上连飞三天而不落，可惜这种技术已经失传了。

宋朝人发明了一种重型远程武器——八牛弩。最大的八牛弩需要30人才能拉开，射程达1000步（相当于1500多米）。它所用的箭矢跟今天我们常见的标枪差不多，近距离发射时可以直接钉进城墙里。

明朝人发明的架火战车，是一种在人力独轮车上安装了多个箭匣的火箭炮，使用时点燃引火线，安装着火药的箭支就会从箭匣里喷射而出，像一条条火龙冲向敌人。这种战车可以同时发射两三百支火箭，只要两三个人就能操作，杀伤力极大。

神火飞鸦，也是明朝人发明的一种用来轰炸敌人的黑科技产品：用竹子或芦苇编成乌鸦的形状，体内填充火药，两侧装上两支用来发射的"起火"，作战时点燃"起火"，飞鸦就会升空；等到"起火"燃尽，飞鸦就会落地，进而引爆体内的火药，给敌人造成重创。

衣食住行用——古人的现代化生活

1972年，长沙马王堆汉墓中出土了一件素纱单衣。令人惊叹的是，这件衣服的重量仅有49克，折叠之后可以放进一个小小的火柴盒里。这样的纺织技艺即使在现在也堪称精妙绝伦。

1978年，战国曾侯乙墓出土了一件文物，名叫冰鉴。冰鉴分为内外两层：外层放冰，内层可以冰镇水果和酒。另外，冰鉴的盖子上有孔，可以散发冷气，起到降温的作用。因此，它也可以说是古人的"冰箱空调一体机"。

史料记载，隋朝的建筑大师宇文恺为隋炀帝建造了一座有轮子、可移动、可拆卸、可组装的宫殿——"观风行殿"，殿内可以同时容纳几百人。这可以说是世界上最早的活动房屋和装配式建筑了。

这就是古代的房车呀！

在1987年陕西法门寺地宫出土的众多文物中，有一枚"鎏金双蜂团花纹银香囊"。

它内部装有双层持平环，不管怎么转，里面放置的香料、香灰都不会撒出来。这说明早在唐代，古人就已经掌握了现代陀螺仪的原理。

唐朝有个人名叫马待封，他设计了一种两层的自动梳妆台。使用时，只要轻轻一按，第一层就会自动送出毛巾、梳子，用完后会自动返回；接着第二层会自动送出胭脂和水粉等化妆品，用完之后也可以自动返回。

小结

除了上述"黑科技"之外，古代还有很多令现代人感到不可思议的发明。

还有好多都没有给你们展示呢！

有人怀疑这些成果并非古人创造，而是现代人"穿越"到古代制作出来的，还有人说这些都是外星人送给地球人的"礼物"。

那些黑科技会不会是外星人送给他们的呢？

这些荒诞不经的说法并不可信，真正值得我们佩服的，还是古代劳动人民和科技工作者的匠心与智慧。

古代人民的智慧